햇볕이 따가운 여름날, 희수, 희준, 희연이 남매가 모여 앉아
엄마가 만들어 주신 간식을 먹고 있어요.
"엄마가 만들어 주신 간식이 세상에서 제일 맛있다니까!"
희수가 말했어요.
"근데 날씨가 너무 덥다!"
희준이가 땀을 닦으며 말했어요.
"햇볕이 너무 뜨거워.
해가 없다면 정말 시원할 텐데."
희연이도 손으로 부채질하며 말했어요.

"태양이 없다면 무슨 일이 생길까?"
"우리 한 가지씩 생각해 보자!"
"가장 멋진 생각을 한 사람이 마지막 남은 쿠키를 먹는 게 어떠니?"
엄마의 말씀에 우리는 생각에 잠겼어요.
"만일에 태양이 없다면…."

"자, 그럼 누구부터 말해 볼까?"
"음, 만일에 해가 없다면 몹시 추울 거 같아요."
희연이가 말했어요.

"으아, 추워서 밖에 나가기 싫단 말이야!
너무 추워서 아무것도 하고 싶지 않아!"

"더 입어야 해! 그래도 추운걸?
해가 없으니까 아무리 옷을 입어도 너무너무 추워요.
해야, 어디 있니? 네가 보고 싶어!"

"해가 없다면
먹을 것도 없어질 거예요!"
희준이가 말했어요.

"내가 먹을 것을 직접 찾아보겠어! 여기 채소들이 있네?
퉤퉤! 맛이 이상해. 크지도 않고 아직 익지도 않았어!
아! 그래, 텃밭에 신선한 음식이 남아 있을지도 몰라!"

희준이는 텃밭으로 걸음을 옮겨 음식을 찾았어요.
"으앙! 여기도 먹을 것이 아무것도 없잖아!
신선한 채소! 상큼한 과일! 아무것도 없어!

으앙! 나에게 먹을 것을 주세요.
해야, 어디 있니? 네가 보고 싶어!"

"해가 없다면 모두모두
잠꾸러기가 될 거예요!"
희수가 말했어요.

"온종일 깜깜하니까 계속 잠만 자잖아!
어두워서 내가 좋아하는 그림책도 볼 수가 없어!
그리고 내가 가장 사랑하는 우리 엄마 얼굴도
잘 보이지 않는걸.
해야, 어디 있니? 네가 보고 싶어!"

"모두모두 좋은 생각을 했구나!
아직도 해가 없으면 좋겠다고 생각하니?"
"엄마, 해가 없어진다면 너무 슬플 것 같아요!"
"해가 있어서 사계절을 보낼 수 있는 거란다."
희수의 말에 엄마가 대답하셨어요.

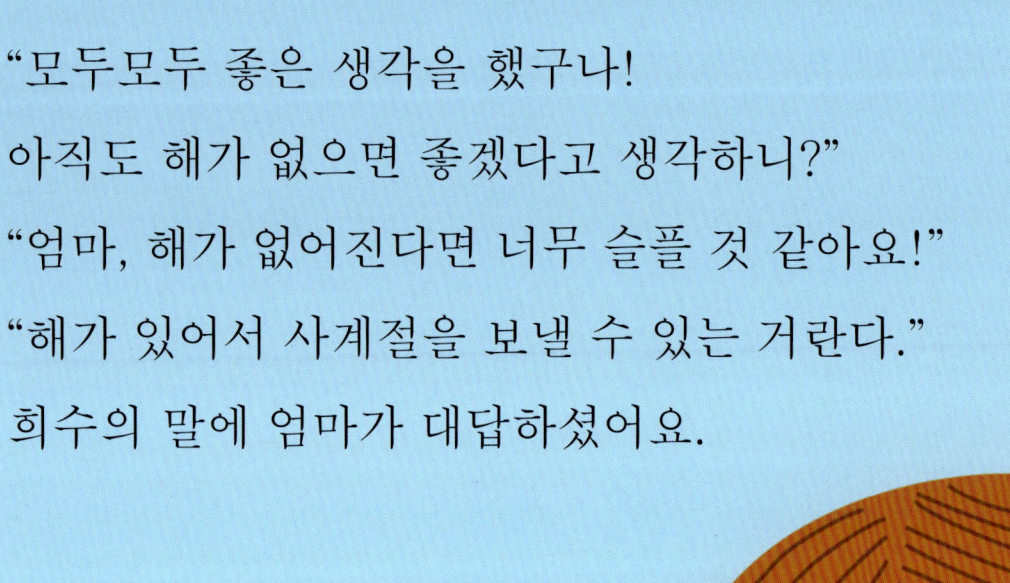

"엄마, 해가 없어지면 어떡하죠?"
희수, 희준, 희연이는 걱정스런 얼굴로
엄마에게 말했어요.
"너무 걱정하지 않아도 된단다.
우리 모두 환경*을 아끼고 보호한다면
해가 없어지는 일은 절대 없을 거야!
그런데 이 쿠키는 누가 먹을 거야?"

---
* 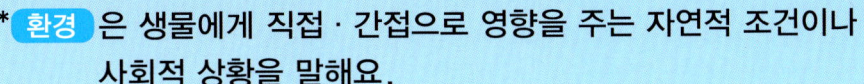은 생물에게 직접·간접으로 영향을 주는 자연적 조건이나 사회적 상황을 말해요.

아하~ 그렇구나! 네 가지 계절이 나타나요

1 봄

변덕스러운 봄 날씨

봄철 기온은 아침, 저녁으로 일교차가 큰 것이 특징이에요. 꽃샘추위가 나타나기도 하고 황사현상이 있기도 해요. 이른 봄 이후의 봄 날씨는 화창한 날과 궂은 날이 번갈아 나타나는 변덕스러운 날씨를 이뤄요.

2 여름

초여름의 장마와 집중호우

장마철의 전후는 흐리고 기온과 습도가 높아 불쾌지수가 높아요. 장마 기간에는 거의 매일 비가 내리거나 간간이 장마 휴식이라고 하는 맑은 날이 나타나기도 하지요.

하늘 높은 가을

봄철과 마찬가지로 가을에도 이동성 고기압과 저기압이 주기적으로 통과하여 맑은 날과 궂은 날이 번갈아 나타나요. 가을에는 하늘이 맑고 공기가 상쾌한 것이 특징이에요.

3 가을

4 겨울

삼한사온의 겨울

겨울철 날씨는 추위만이 계속되는 것은 아니고 삼한사온과 같은 계절의 리듬을 이루어 겨울을 지내기 수월하게 해요.

5 그 외

열대 우림은 일 년 내내 덥고 비가 많이 와요. 반대로 건조 기후는 비가 거의 오지 않죠. 북극이나 남극과 같은 극지방은 일 년 내내 해가 낮게 떠 있어 몹시 추워요.

호기심 누리과학 시리즈

누리과정 1. 호기심 가지기

4학년 2학기 4단원 화산과 지진
흔들흔들 지진
단어카드 1종, 화보 1종, 워크지 2종(1,2 수준), 이야기나누기자료 1종, 지침서

6학년 1학기 1단원 지구와 달의 운동
빙글빙글 도는 지구
단어카드 1종, 화보 1종, 워크지 2종(1,2 수준), 이야기나누기자료 1종, 지침서

5학년 2학기 1단원 날씨와 우리생활
구름은 어떻게 만들어지는 걸까?
단어카드 1종, 화보 1종, 워크지 2종(1,2 수준), 이야기나누기자료 1종, 지침서

누리과정 2. 물체와 물질 알아보기

3학년 2학기 4단원 소리의 성질
소리가 떨려요
단어카드 1종, 화보 1종, 워크지 2종(1,2 수준), 이야기나누기자료 1종, 지침서

6학년 2학기 4단원 연소와 소화
공기야 도와줘
단어카드 1종, 화보 1종, 워크지 2종(1,2 수준), 이야기나누기자료 1종, 지침서

4학년 2학기 2단원 물의 상태 변화
우리는 삼총사
단어카드 1종, 화보 1종, 워크지 2종(1,2 수준), 이야기나누기자료 1종, 지침서

누리과정 3. 생명체와 자연환경 알아보기

4학년 2학기 1단원 동물의 생활
나는 바다의 수영선수
단어카드 1종, 화보 1종, 워크지 2종(1,2 수준), 이야기나누기자료 1종, 지침서

4학년 1학기 3단원 식물의 한살이
내 씨를 부탁해!
단어카드 1종, 화보 1종, 워크지 2종(1,2 수준), 이야기나누기자료 1종, 지침서

3학년 1학기 3단원 동물의 한살이
겨울을 준비해요
단어카드 1종, 화보 1종, 워크지 2종(1,2 수준), 이야기나누기자료 1종, 지침서